氣炸鍋

讓 健康與美味同時上桌

作者｜陳秉文　攝影｜楊志雄

原書名：健康氣炸鍋的美味廚房：甜點 ✕ 輕食 一次滿足

健康氣炸鍋，讓美味簡單上桌

大家好，我是陳秉文老師，使用飛利浦健康氣炸鍋已經邁入第七個年頭，長期以來一直跟許多人分享健康氣炸鍋的神奇魔法，也很開心有越來越多人注意到這麼棒的料理方式。這次特別以健康氣炸鍋的「配件」作為主角，希望用最簡單的工具就能把專業廚房搬到每個人的家庭裡，輕鬆體會料理的美好與幸福感。

其實很多朋友對健康氣炸鍋都不陌生，使用歐洲渦流氣旋科技，用空氣取代油膩，不但是餐飲的新技術，也是我所推崇的健康料理概念！長期以來，健康氣炸鍋也扮演我有力的幫手，身為廚師，常要與烹飪時間與火候「斤斤計較」，為的就是最完美精準的口感。健康氣炸鍋控時及定溫的貼心設計，不用再分秒盯著機器注意調理過程，能有效率的利用時間。此外，它的多元變化性也讓人驚豔，煎、烤、炸的口感都能輕易完成專業級的水準，一機多用，幫了我不少忙！

「工欲善其事 必先利其器」，常聽許多朋友分享有時心血來潮想要進入廚房大顯身手，興沖沖的到超市採買，卻被琳瑯滿目、各種尺寸用途的工具們弄得眼花撩亂，興頭就先減了一半。此次，飛利浦健康氣炸鍋貼心推出多元的專用配件，從雙層串燒架、煎烤盤、蛋糕模、烘烤鍋、點心模一應俱全，讓料理增添了更多可能性。不論是常見的巧克力蛋糕、歐式鹹派、千層麵，甚至是廣受歡迎的烤雞串，使用者不必再困擾需要絞盡腦汁尋覓適合的工具，利用量身專屬打造的工具，做出一桌好菜真的很簡單，就像把專業廚房搬進自己家裡。

現在我最喜歡熬一鍋肉醬冰起來，平常不想下廚的時候，只要煮麵淋上肉醬再放入健康氣炸鍋，就是簡單的美味料理！或是準備好麵糊放入蛋糕模中，輕鬆就能完成杯子蛋糕，很適合增添生活小情趣，毋須擔心有火有油的危險廚房，料理的美好就從這裡開始！

|目錄|

Part 3　超人氣精選甜點

Part 1
認識健康氣炸鍋

「工欲善其事，必先利其器」，了解健康氣炸鍋的好處及用途，烹調料理事半功倍，讓健康氣炸鍋變成美味幸福的百寶箱。

健康氣炸鍋與專用配件
的美味圓舞曲

「健康氣炸鍋」對於許多人其實已經不陌生，特殊的歐洲渦流氣旋科技，除了可以完成多元煎、烤、炸口感，甚至可以減油 80%*，越來越多人利用它完成各式各樣多元的美味料理，不論是鹹食還是甜點，它多元的變化讓料理愛好者深深著迷，也讓越來越多人因為它而開始嘗試接觸，甚至愛上料理。但市面上琳瑯滿目的配件常常令人目不轉晴，不知道哪些才能與健康氣炸鍋形成最完美的「配對」，做出更多令人驚豔的美食。

透過本書，你將會更驚豔於健康氣炸鍋的多元可能性，飛利浦量身打造一系列不同的專用配件，從「雙層串燒架、煎烤盤、蛋糕模、烘烤鍋、點心模」，完整的配件組讓使用者不需要再煩惱如何添購適合的器材，以最簡單的方式，就可以輕鬆完成美味的料理，讓美味與健康再升級！

* 指飛利浦健康氣炸鍋與一般傳統飛利浦油炸鍋所烹調的新鮮薯條之比較。

{從健康氣炸鍋開始}

本書食譜主要以飛利浦健康氣炸鍋示範料理，以下以此款健康氣炸鍋做基本介紹。

【皇家尊爵款 (HD9240)】

皇家尊爵款的容量較大，為 1.2kg 家庭號容量。機身正面上方有一片觸控面板，只需要依照烹飪需求設定溫度及時間即可開始製作料理。

| 溫度及時間調整 |

溫度符號

最低溫 60℃ 至最高溫 200℃，按上下箭頭調整至所需的最佳烹調溫度（按一下增加 5℃，以此類推增減溫度設定）。

開始符號

時間和溫度都設定好後，按下即可開始烹飪。

時間符號

從最短 1 分鐘至最長 60 分鐘，按上下箭頭調整至所需的最佳烹飪時間（按一下增加 1 分鐘，以此類推）。

| 可搭配使用 |

氣炸鍋專用蛋糕模　　氣炸鍋專用烘烤鍋　　氣炸鍋專用點心模　　氣炸鍋雙層串燒架

【白金升級款 (HD9230)】

白金升級款的容量為 0.8kg，底鍋可與配件的烤盤交換使用。機身正面上方有一片觸控面板，只要依照烹飪需求來設定溫度及時間即可開始製作料理。

│溫度及時間調整│

時間 / 溫度符號

按一下為時間，第二下即為溫度。右側的上下箭頭可調整時間長短 (1 ～ 60 分鐘，一次 1 分鐘) 及溫度高低 (60 ～ 200℃，一次 5℃)。

開始符號

時間和溫度都設定好後，按下即可開始烹飪。

│可搭配使用│

氣炸鍋專用點心模　　　　氣炸鍋專用煎烤盤　　　　氣炸鍋雙層串燒架

【薰衣草經典款 (HD9220)】

薰衣草經典款的容量為 0.8kg。底鍋可與配件的烤盤交換使用。機身上設有旋鈕,時間與溫度分開設定,設定好溫度後,旋轉時間鈕即開始運作。

溫度調整

溫度符號

介面為旋鈕模式,溫度高低(80 ~ 200℃)。

時間調整

時間符號

可調整時間長短(最高至30 分鐘),旋轉旋鈕至需要的時間後,即開始烹飪。

可搭配使用

氣炸鍋專用點心模

氣炸鍋專用煎烤盤

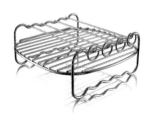

氣炸鍋雙層串燒架

{ 配件的神奇魔法·健康與美味 } 的全新升級

誰說配件不能成為主角,健康氣炸鍋一系列的配件可說是料理的靈魂,量身打造的設計運用配件與健康氣炸鍋形成完美的配對組合,讓料理的可能性再次升級!

【氣炸鍋專用蛋糕模】

可拆卸式設計,可作為一般蛋糕模使用,鹹派或是披薩也能簡單完成,特殊塗層設計不易沾黏,可輕鬆完成脫模,完美的大小可以與「皇家尊爵款 (HD9240)」100% 契合。

📖 *Tips* 烹飪時,倒入模具的食材只要模具一半的高度(約五分滿)即可,較易烹調、烘烤出具完美色澤又美味健康的料理。

【氣炸鍋專用烘烤鍋】

全新革命烤鍋設計，可烹煮肉醬等液體狀料理，一體成形讓受熱更均勻，美味加分！
不沾鍋塗層讓清洗變得更容易、料理更多變化，完美的大小可以與「皇家尊爵款
(HD9240)」100% 契合。

Tips 烹飪時，倒入模具的食材只要模具一半的高度（約五分滿）即可，較易烹調、烘
烤出具完美色澤又美味健康的料理。

【氣炸鍋專用點心模】

星星與花朵的設計讓料理增添了許多趣味性，除了常見的杯子蛋糕，瑪芬或是水果
塔都能輕鬆呈現，下午茶 DIY 就是這麼簡單。

【氣炸鍋專用煎烤盤】

搭配「白金升級款 (HD9230) 和薰衣草經典款 (HD9220)」使用的煎烤盤適用於各式肉類料理，不沾黏的盤面材質使用起來更方便，清潔省時又省力。烤盤本身的條紋設計讓烹飪後的肉排留下完美的漂亮烤紋，增添料理的視覺享受。

【氣炸鍋雙層串燒架】

可一次串起大量的食材進行烹飪，確保食材不重疊，平均受熱。且完成後的料理每一塊皆均勻完整。另外，由於雙層空間，更可增加料理食物的容量和空間。

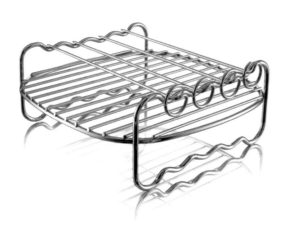  

{健康氣炸鍋加分小祕技}

【烹飪注意事項】

● 使用健康氣炸鍋烹飪時,為到達最佳料理狀態,食材請勿高於氣炸鍋烤網本身的高度,也切記避免多層堆疊,以免影響烹煮後的口感。

● 健康氣炸鍋使用熱渦流氣旋科技,所以不需加入任何油;為了讓烹飪食物時所產生的水氣和油煙順利排出,建議使用時放在通風處或抽油煙機處進行料理。

● 皇家尊爵款(HD9240)底鍋的烤網與外鍋是可分離的,建議烹調後先取出烤網,待外鍋稍微降溫後再使用隔熱手套或抹布取出,避免燙傷。

● 配件入健康氣炸鍋時,需確認配件內已放置食材,切勿空燒。

【如何清洗】

健康氣炸鍋的清洗就如同烹飪一樣輕鬆方便,只需要拆取底鍋,直接清洗即可!它的底鍋是可浸泡的,不必擔心鍋子碰水易損壞或清洗不便的問題。

【健康氣炸鍋的清潔】

● **底鍋**:不宜使用刺激性或腐蝕性的清潔劑,建議先以熱水和清潔劑浸泡底鍋一段時間,再進行清洗。

● **烤網**:烤網側邊和外鍋為不沾黏塗層,請勿使用菜瓜布或鋼刷,以海綿清洗為佳;而烤網因紋路呈交錯格子狀,除了可用海綿清洗,也可搭配軟毛牙刷清理不易清除的死角。

- **機身：**每次使用完畢，待機身稍微降溫後，可用濕布擦拭排風口和渦流氣旋加熱處，以便去除藏匿的油垢。

【配件的清潔】

- **氣炸鍋專用蛋糕模：**待稍冷卻，加入些許熱水與中性清潔劑浸泡短暫時間後用海綿清洗，勿使用菜瓜布、鋼刷、粗糙尖銳等材質清潔用具、烤箱清潔液或具侵蝕性的清潔劑刷洗。清洗後以乾布擦乾。

- **氣炸鍋專用烘烤鍋：**加入些許熱水與中性清潔劑浸泡數分鐘後，以海綿清洗為佳，不宜使用菜瓜布或鋼刷清洗，洗淨後擦乾。

- **氣炸鍋專用點心模：**加入些許熱水與中性清潔劑浸泡數分鐘後，以海綿清洗，洗淨後擦乾。

- **氣炸鍋專用煎烤盤：**待冷卻後，以海綿沾取少許清潔劑清洗。

- **氣炸鍋雙層串燒架：**待冷卻後，將串架及烤架分解，以海綿沾取少許清潔劑清洗；若有食材沾黏，可使用軟毛牙刷清除。

如何挑選適合健康
氣炸鍋的食材

挑選適合的食材，才能做出無煙少油的健康料理，輕食、糕點品嘗起來美味零負擔。

【奶油類】

❶ ┃ 無鹽奶油

製作奶油過程中無添加鹽分，價格也比有鹽奶油高，通常用於烘焙、製作餅乾、麵包，也常用於西餐料理。

❷ ┃ 發酵奶油

發酵奶油是經過乳酸菌發酵，讓質地柔滑細緻、別具風味。本書中也有多道料理使用它；其可以品嘗到特殊的堅果香與牛奶混合的濃郁香醇！

❸ ┃ 鮮奶油

是由未均質化之前的生牛乳頂層的牛奶脂肪含量較高的一層製得的乳製品，含有特殊榛果香氣風味與濃郁奶香，呈現自然金黃的顏色。

❹ ┃ 奶油乳酪

為未經熟成的新鮮起士，含有較多水分，有濃郁的起士味與些許獨特酸味，烘焙中常製作起士類西點或蛋糕，可放置於冷藏保存。

奶油的分類

植物性奶油（人造奶油）

- 大部分是玉米油、黃豆油、棕櫚油等植物油經過氫化方式調和成人造奶油。
- 色澤來自食用色素，奶香風味來自人工香料，口感及營養成分與天然奶油不同。
- 不適用於西點製作，一般用來塗抹於吐司上，也大量用於酥炸食品中，如甜甜圈、炸雞、洋芋片、餅乾等等，能夠搭配健康氣炸鍋形成完美的香氣與口感。
- 因其名稱「瑪琪琳 Margarine」常被使用者與市面上賣的「乳瑪琳」搞混，但其實乳瑪琳是奶油品牌名稱。

動物性奶油（天然奶油）

- 從牛奶中分離出脂肪的高純度奶油，是天然奶油。
- 優點為自然香醇、反式脂肪含量少，但成本較植物性奶油高。
- 可分成：有鹽奶油、無鹽奶油、發酵奶油。

【巧克力類】

❶ | 可可粉

其分為兩種：一種是比較甜熟且鹼化過的可可粉，另一種是未經鹼化的可可粉。這兩種可可粉在料理上可交互替換使用；不過，沖泡成飲品的巧克力粉不能替代可可粉。

❷ | 調溫巧克力（純巧克力）

● 專業廚師專用的巧克力在拿來作為巧克力之前，要先經過調溫步驟。
● 由於巧克力含有相當高比例的可可脂，所以非常容易融化成柔滑的流質，其溫度通常介於 45 ～ 50℃ 間。
● 經過調溫之後可以製成具有油亮光澤的薄皮淋面。

❸ | 調溫巧克力（白巧克力）

● 其不能算是真正的巧克力，因為它完全不含巧克力原料。
● 較好的品牌含有高比率的可可脂、牛奶原料及糖，切勿選購使用植物油或脂肪的產品。
● 如同牛奶巧克力般，白巧克力不耐熱，經常會發生已經融化卻未烤透的情形。
● 其添加的牛奶原料，加熱太快時會讓巧克力帶有顆粒感，無法融化成滑順的流質。
● 其甜而不膩的風味，頗獲甜點師的青睞。

📖 Tips 調溫巧克力的口味有純巧克力、白巧克力、牛奶巧克力等種類可供選擇，市面上均以塊狀或巧克力球的形式販售。

【麵粉類】

❶ | 高筋麵粉

蛋白質含量 12.5 ～ 13.5%，吸水量 62 ～ 66%為高筋麵粉；適合製作麵包、麵條；國外稱為「麵包麵粉」，原料以硬紅春麥為主，摻合部分硬紅冬麥製成。

❷ | 中筋麵粉

蛋白質含量 9.5 ～ 12.0%，吸水量 50 ～ 55%為中筋麵粉；適合製作饅頭、中式麵食、中式點心、西式點心；只使用硬紅冬麥為原料。

❸ | 低筋麵粉

蛋白質含量在 8.5%以下，吸水量 48 ～ 52%為低筋麵粉；適合製作蛋糕、餅乾、小西餅；由於主要用於蛋糕製作，因此又稱為「蛋糕麵粉」；主要原料為白麥磨製而成。

【果乾類】

❶ | 蔓越莓乾

本身的酸味較強，富含抗氧化的多酚類物質，經過風乾濃縮了果香。

❷ | 杏桃乾

營養價值高的水果含豐富的維他命 A、鐵及鈣質，乾燥後因品種而異，呈淡黃或淡橘色，杏桃乾含果膠和豐富纖維。

❸ | 葡萄乾

製作葡萄乾必須是熟成的葡萄果實，含水量約 15 ～ 25%，本身果乾富含糖分，因此可以保存較久。

❹ | 龍眼乾

龍眼乾又名桂圓，溫和味甘，富含磷、鉀與維生素 C，功效有滋補血氣、養血安神、補益心脾。

❺ | 漬檸檬丁

利用糖進行風乾醃製，富含維生素 C、檸檬酸、蘋果酸、高量鉀元素和低量鈉元素，具有淡淡的酸甜風味。

❻ | 無花果乾

氣味甜香清新，食用時還可以品嘗出嚼勁帶有扎實口感。多產於土耳其。

📖 *Tips*
- 正值產季的當令水果可使用氣炸鍋以 90℃調理設定約 60 ～ 90 分鐘，在家享受自製天然水果乾的樂趣。
- 市售水果乾最主要是增加糕點的風味與口感，在本書當中結合醃漬酒，不但能避免烹調時水分的流失，成品呈現可以避免使用食用色素，品嘗起來美味又健康。

【香料類】

❶｜香草莢

香草（Vanilla）是甜點製作非常重要的食用香料，來自於蘭科植物之香莢蘭發酵後的果莢，香味濃郁芬芳，有「香料皇后」的稱號。

【烘焙酒類】

❶｜香橙干邑甜酒、君度橙酒

屬於白柑橘甜酒，一種再製酒。除了有橙皮的風味，其中甜中帶苦是特有口感，用於甜點上可以使味蕾增添豐富的層次感。

君度橙酒

香橙干邑甜酒

❷｜白蘭地

任何一種葡萄酒都能蒸餾成白蘭地，而以白葡萄所釀製的白蘭地，更令人喜愛。蒸餾後的蒸餾液需加入軟水以降低酒精度至 51%（102proof），放置於橡木桶內貯存；裝桶時，唯一的添加劑，是少量的焦糖用以增添色澤。

❸｜蘭姆酒

具有兩極化的性格，一種是酒精濃度35% 的白色蘭姆 (Light Rum)，蒸餾後直接裝瓶，無甜味，口感柔順不刺激；另一種則為酒精濃度 65% 的深色蘭姆，蒸餾後經橡木桶陳年儲藏，香味濃厚，有熱帶風味。

健康氣炸鍋料理
加分小祕技

想要用健康氣炸鍋做出美味料理，除了要有省時方便的器具外，食材的前置製作也是相當重要的，口感極佳的麵團與具有特色的醬汁是本書中使料理更加分的祕密武器。

🎂 麵團製作

想要做出甜點世界中的美味蛋糕、派塔，麵團的製作極其重要，彈性、筋度恰好的麵團是製作糕點的首要條件。

古典巧克力麵團

| 材料 |

低筋麵粉 100g、糖 120g、鹽 1/2 小匙、蛋黃 4 顆
奶油 30g、可可粉 30g、泡打粉 1/2 匙

| 作法 |

1. 奶油隔水加熱融化；粉類過篩，備用。

2. 蛋黃與糖隔水加熱以打蛋器打發，分次倒入裝有粉類的容器內，最後與奶油攪拌均勻。

布里歐麵包麵團

[材料]

高筋麵粉 125g、低筋麵粉 125g、奶油 125g、糖 20g
鹽 1 小匙、全蛋 3 顆、快速酵母 10g、牛奶 60cc

[作法]

1. 牛奶隔水加熱至 35℃ 後與酵母混合；材料中除了奶油與牛奶外其他都加入攪拌
缸內。

2. 以攪拌機拌打，牛奶慢慢倒入缸中，成團後分次加入奶油打至光滑為麵團。

3. 取出麵團撒點麵粉，將其整型滾圓再入鋼盆，以保鮮膜封口，基本發酵 1 小時。

芝加哥比薩麵團

| 材料 |

高筋麵粉 500g、糖 20g、牛奶 50cc、溫水 200cc
酵母粉 12g、鹽 8g、奶油 20g

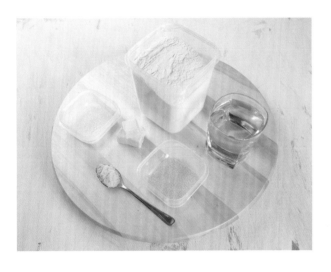

| 作法 |

1. 酵母、溫水、糖攪拌均勻為酵母水。

2. 攪拌缸中倒入高筋麵粉與鹽,攪拌機開始拌打後再緩緩加入酵母水與牛奶。

3. 作法 2 成團後,分次加入奶油拌打,最後將麵團整型。

4. 麵團發酵約 45 分鐘至 1 小時,完成發酵的麵團約原來的 1 倍大。

Tips 冬天製作此麵團建議加入溫水,加速麵團發酵。

司康麵團

圖為英式伯爵司康麵團

材料

中筋麵粉 250g、糖 30g、鹽 1/2 小匙、泡打粉 2 小匙
牛奶 100cc、冰奶油丁 40g、鮮奶油 30cc

作法

1. 麵粉與泡打粉過篩,再與糖、鹽混合均勻。

2. 用手將冰奶油丁與作法 1 的粉類和勻,倒入牛奶與鮮奶油後揉成團。

Tips 此麵團為「原味司康」的材料作法,如欲成為 p.88 英式伯爵司康,可在作法 1
中加入伯爵茶粉(1 小匙)。

酥餅

| 材料 |

發酵奶油 45g、中筋麵粉 88g、杏仁粉 13g
糖粉 35g、鹽 1g、全蛋 18g (1 顆全蛋 =60g)

| 作法 |

1. 奶油、粉類、鹽混合均勻。

2. 作法 1 混合均勻後，在中間挖出一小空間，倒入全蛋，以雙手慢慢搓揉至麵團變粗糙，為酥餅麵團。

3. 麵團以擀麵棍擀成麵皮，包裹保鮮膜，入冷藏約 2 小時。

4. 取出後，擀平調整至所需要的塔皮大小，進氣炸鍋以 160℃ 料理 10 分鐘即完成。

瑪芬麵團

拌打至呈絲絨狀

| 材料 |

低筋麵粉 125g、糖 80g、鹽 1/2 小匙、全蛋 2 顆
泡打粉 1 小匙、鮮奶油 30cc、奶油 100g

| 作法 |

1. 奶油倒入攪拌缸中以攪拌機打至乳化，分次加入糖拌打至呈絲絨狀，再分次加入蛋液。

2. 泡打粉與低筋麵粉過篩，倒入作法 1 的攪拌缸中攪打至看不到顆粒為主。

蜂蜜蛋糕麵團

|材料|

低筋麵粉 150g、糖 80g、全蛋 2 顆、泡打粉 1/2 小匙
蜂蜜 20g、奶油 125g

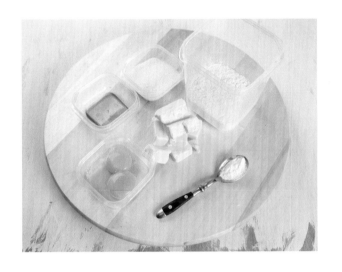

|作法|

1. 奶油與糖倒入容器中，以打蛋器打至呈鵝黃色，加入蜂蜜，再分數次倒入雞蛋
攪拌均勻。

2. 低筋麵粉過篩，與泡打粉一同加入作法 1 的容器中攪拌，拌至看不到顆粒為主。

 Tips 揉麵團的步驟可以使用愛麵機協助，讓麵團揉合更均勻。

● 飛利浦愛麵機 (HR2356) 只需加入麵粉和水，免和、免揉、免擀，全
程全自動，獨家鎂鋁合金攪拌棒以 360 度正、逆時鐘雙向持續和麵，
搭配六角揉麵和螺旋擠壓技術反覆揉和，仿造天然手工揉麵團過程，
讓麵團擁有 Q 彈口感。

檸檬奶油醬

| 材料 |

檸檬皮 1/2 顆量、檸檬汁 50cc、黃砂糖 50g
蛋黃 2 顆、發酵奶油 25g

| 作法 |

1. 取一鍋放入檸檬皮、檸檬汁、黃砂糖煮滾，關火，分次加入蛋黃拌勻。

2. 作法 1 完成的醬汁過篩，隔水加熱煮至凝固，入奶油丁。

3. 奶油融化後關火，冰塊水冰鎮後用保鮮膜封起，冷藏備用。

松露奶焗醬

| 材料 |

蛋黃 2 顆、鮮奶油 125cc、白蘭地 15cc、松露醬 1 小匙
鹽與胡椒少許

| 作法 |

1. 所有食材依序倒入容器中，混合均勻後即完成。

番茄鯷魚醬汁

材料

鯷魚碎 3 條、牛番茄 4 顆、洋蔥半顆、奶油 60g
橄欖油 60cc、紅椒粉 2 匙、蒜頭 3 顆、雪莉醋 1 匙
糖 1 小匙、鹽少許、杏仁片 30g

作法

1. 牛番茄切丁，蒜頭、洋蔥切碎；取一炒鍋放入奶油與鯷
魚碎拌炒，再下洋蔥碎與蒜碎。

2. 待作法 1 的食材炒出香氣後，加入番茄丁與紅椒粉炒至
軟化。

3. 倒入雪莉醋、鹽、糖及杏仁片調味，淋上橄欖油。

4. 將作法 3 以食物調理棒打勻至沒有顆粒，再重新煮滾後
即可備用。

Tips 打醬汁的步驟可以使用果汁機協助，讓醬汁融合更均勻，風味
更釋出。

● 飛利浦超活氧果汁機 (HR2096) 擁有六向立體多刀頭與獨特離心力旋轉
式設計，搭配攪拌棒，讓食材絞碎效果更均勻。可分離式刀組，幫助方
便清洗。

$\mathcal{P}art$ 2
私房鹹點美饌

利用健康氣炸鍋創造出更多的可能性，不論
是嚴選主菜的排餐、千層麵或比薩，開胃下
酒菜的海鮮塔、烘蛋等，在家也可以輕鬆料
理一桌美味。

開胃下酒菜

千變萬化的下酒菜，串燒、烘蛋、燉鍋料理等，
只要選對烹飪工具，
在家也可以創造出開胃又健康的豐盛好料。

番茄風味野菇燉鍋

 15min
 170℃

使用配件

適用機型
【HD9240】

材料

牛番茄 2 顆、蘑菇 1 盒、雪白菇 1/4 包、鴻喜菇 1/4 包、迷迭香 1 支、義大利番茄醬汁適量
巴薩米克醋適量、橄欖油適量、麵包粉適量、巴西利碎適量、帕瑪森起司粉適量

{裝飾}
九層塔葉適量、莫札瑞拉起司適量

作法

1. 菇類切塊，拌入迷迭香、義大利番茄醬汁、巴薩米克醋、橄欖油調味。

2. 把調味好的菇連同醬汁倒入烘烤鍋中。

3. 牛番茄切厚片；麵包粉、巴西利、起司粉混合備用。

4. 烘烤鍋中的調味菇表面鋪上牛番茄厚片，撒上作法 3 混合好的粉類，放進氣炸鍋中，以 170℃料理 15 分鐘。

5. 完成後盛盤，擺上九層塔葉與莫札瑞拉起司。

 ❶
 ❷
 ❹

白咖哩彩蔬捲

7min　180℃

使用配件 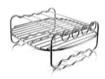　適用機型

【HD9220】　【HD9230】　【HD9240】

🥄 材料

茭白筍塊 4 塊、豆腐塊 8 塊、玉米筍塊 4 塊、青椒片 4 塊、甜椒片 4 塊、杏鮑菇 8 塊
紅蘿蔔片 8 片

{ **白咖哩醬** }
椰奶 200cc、優格 130g、腰果 80g、葡萄乾 20g、茴香籽 1g、荳蔻粉 1g、鹽與胡椒適量

🥣 作法

1. 製作白咖哩：腰果入熱鍋，炒出香味，加入香料、椰奶、葡萄乾煮滾，再倒入優格，待
　　微滾後關火，以攪拌器打成泥醬，備用。

2. 豆腐塊包紅蘿蔔片，用烤串依序串起蔬菜料，置於雙層串燒架上。

3. 作法 2 完成的蔬菜串連同串燒架入氣炸鍋，以 180℃、7 分鐘進行調理。白咖哩醬再次
　　煮滾，並加入鹽與胡椒調味後，倒入醬汁盅。

4. 時間到後，盛盤，搭配白咖哩沾取食用。

① ② ③

📖 *Tips* 　若擔心蔬菜過乾，可於入鍋前噴少許橄欖油保濕。

泰北炙烤透抽沙拉

8 min　200℃

使用配件

適用機型

【HD9220】　【HD9230】　【HD9240】

材料

透抽 2 隻、鳳梨片 1 片、黃紅聖女番茄各 3 顆、四季豆 3 根、蘿蔓 2 片、小黃瓜 30g
豆苗葉少許（裝飾用）

{ **醃料** }
椰奶 4 匙、紅咖哩 1 匙半、薑泥 1 匙、蒜泥 1 匙、胡椒粉少許

{ **沙拉醬汁** }
泰式甜雞醬 6 匙、檸檬汁 3 匙、魚露少許、胡椒粉少許、橄欖油 3 匙

作法

1. 透抽去內臟，刻花後切成長條，放入醃料中醃製 10 分鐘。

2. 小黃瓜切片、聖女番茄切對半、蘿蔓切片狀，泡冰水備用。

3. 作法 1 醃好的透抽以烤串串好，同雙層串燒架入氣炸鍋；鳳梨片和四季豆放置氣炸鍋底鍋，以 200℃料理 8 分鐘。

4. 時間到後，將透抽取下，鳳梨片切丁、四季豆切段同作法 2 瀝乾的生菜、沙拉醬汁混合，盛入盤中並裝飾豆苗葉。

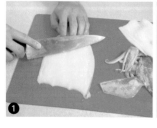   

❶　　　　❸　　　　❹　　　　❹

Tips 【沙拉醬汁】所有材料混勻即完成。

松露奶焗海鮮塔

 9 min　 170℃

使用配件　

適用機型　

【HD9220】　【HD9230】　【HD9240】

材料

白蝦 6 尾、干貝 6 塊、透抽 1 隻、起司絲少許、白酒少許、鹽與胡椒適量
帕瑪森起司粉少許、綜合生菜少許、巴薩米克醋少許

{ 酥餅 }
材料、作法詳見 p.27「酥餅」

{ 松露奶焗醬 }
材料／作法詳見 p.30「松露奶焗醬」

作法

1. 白蝦去殼、去腸泥、切背,透抽切丁,與干貝一同放入倒有少許白酒、鹽與胡椒的碗中醃,備用。

2. 烤好的酥餅底部撒上起司絲,放入海鮮料。

3. 奶焗醬均勻倒入海鮮塔中,撒上帕瑪森起司,放進氣炸鍋以 170℃料理 9 分鐘。

4. 取出海鮮塔盛盤,以綜合生菜作裝飾,淋上巴薩米克醋。

❶　❷　❸　❹

豆腐起司雞翅包

 10 min   200℃

使用配件 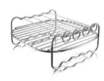   適用機型

【HD9220】　【HD9230】　【HD9240】

材料

雞翅 4 隻、豆腐 1 盒、起司絲 40g、三島香鬆適量、蔥花適量、咖啡美乃滋適量

{ 醃料 }
味醂 1 匙、清酒 1 匙、薑泥 1 小匙、山椒粉 1 小匙、日式醬油 1 匙半

作法

1. 雞翅去骨,入醃料;豆腐以紗布瀝出水分成豆腐碎。

2. 豆腐碎、起司絲拌勻後裝入擠花袋,剪去一小角後再填入去骨的雞翅中。

3. 作法 2 填好料的雞翅用烤串串起,連同雙層串燒架放入氣炸鍋,以 200℃烤 10 分鐘。

4. 時間到後取出盛盤,撒上三島香鬆粉、蔥花,沾取咖啡美乃滋一起食用。

📖 *Tips* 【咖啡美乃滋】美乃滋 1 條與濃縮咖啡 2 匙攪拌均勻即成。苦甜的滋味和雞翅很搭。

土耳其優格烤雞

12min　180℃

使用配件 　　適用機型

【HD9220】　【HD9230】　【HD9240】

材料

去骨雞腿肉 1 隻、小黃瓜丁 70g、西芹丁 25g、番茄丁 30g、優格 30g、蜂蜜 1 小匙
蒔蘿少許、鹽與胡椒少許

{ **醃肉醬料** }
番茄糊 1 小匙、優格 2 匙、百里香 1 支

作法

1. 雞腿肉以優格、蕃茄糊、百里香醃製，放置一晚。

2. 醃好的雞腿肉切塊，以烤串串起，連同雙層串燒架放入氣炸鍋，以 180℃料理 12 分鐘。

3. 烤好的雞肉串盛盤；所有蔬菜丁拌入優格、蜂蜜，以鹽與胡椒調味，盛入盤中，擺上蒔蘿作為裝飾。

Tips 【自製優格】將牛奶(1000cc)加熱至 90℃後，靜置待溫度下降至 40℃，加入優格 (約 130g) 拌均勻，放置室溫約 8 小時後於冰箱冷藏。

繽紛蔬食豆腐燉鍋

15 min　170℃

使用配件　　　適用機型

【 HD9240 】

材料

茄子 1 條、地瓜 1 顆、紅蘿蔔 1 根、山藥 1 根、板豆腐 1 盒、海鹽適量、毛豆 80g
素蠔油 3 匙、醬油 2 匙、白胡椒粉少許、栗子 1 包、香油少許

作法

1. 地瓜、山藥、紅蘿蔔、茄子修圓片做裝飾用。

2. 把剩餘的蔬菜料，茄子、地瓜、紅蘿蔔及栗子切丁；山藥、豆腐磨成泥為山藥豆腐泥。

3. 蔬菜料以橄欖油炒熟，與山藥豆腐泥、栗子丁混和，加入醬油、蠔油、白胡椒粉調味。

4. 將蔬菜山藥豆腐泥倒入烘烤鍋中，放上蔬菜圓片，撒點鹽與香油，進氣炸鍋以 170℃料理 15 分鐘，取出後盛盤即完成。

Tips 作法 3 中炒蔬菜時可加入少許水，使其加速熟成。

西班牙紅椒醬章魚

8 min　200℃

使用配件

適用機型

【HD9220】　【HD9230】　【HD9240】

材料

章魚腳 4 隻、蘿蔓葉 3 片、牛番茄 1 塊、橄欖油適量、紅椒粉少許

{ **紅椒醬** }
紅甜椒 1 顆、朝天椒 1 根、紅椒粉 2 匙、白酒 30cc、橄欖油 60cc、水 200cc
洋蔥碎半顆量

作法

1. 紅甜椒、朝天椒以火烤焦後，將焦皮去除，切丁。

2. 洋蔥碎以橄欖油炒香，加入作法 1 後倒入紅椒粉，淋上白酒，待酒氣揮發，倒入水，煮滾後以食物調理棒拌碎成泥，即成紅椒醬。

3. 章魚腳切段後串起，加少許鹽與胡椒調味，連同雙層串燒架入氣炸鍋以 200℃、8 分鐘進行調理。

4. 時間到後打開鍋子，淋上少許橄欖油、紅椒粉。盛盤，放上蘿蔓葉、牛番茄，附上紅椒醬。

堅果豬肉丸佐蘋果泥、香料南瓜

🕐 17min   🍲 180℃

使用配件   適用機型

【HD9220】　【HD9230】　【HD9240】

🥗 材料

豬絞肉 500g、堅果 3 匙、葡萄乾 1 匙、蛋黃 1 顆、起司粉 2 匙、小茴香籽半匙
辣椒乾碎半匙、鹽與胡椒適量、南瓜 1/4 顆、甜豆莢 3 個、蘋果 1 顆、橄欖油 2 匙
黃砂糖 3 匙、檸檬半顆、肉桂粉半匙、水適量

🥄 作法

1. 豬絞肉至於鋼盆內，倒入切碎的堅果、葡萄乾，再依序加起司粉、小茴香、鹽與胡椒，攪拌均勻後，整型成球狀（約 12 顆），串起備用。

2. 南瓜切塊，撒上鹽與胡椒、辣椒乾碎，備用。蘋果切塊放入鍋中，並倒橄欖油、撒黃砂糖及肉桂，拌炒至呈金黃色後，倒入適量水（約蓋過蘋果），擠檸檬汁，以小火煮至蘋果塊熟透軟化，以攪拌器打成泥備用。

3. 先將南瓜塊放置氣炸鍋，再放上已擺滿肉丸串的雙層燒烤架，溫度設定為 180℃、17 分鐘；烤至剩最後 4 分鐘時，放入甜豆莢。

4. 盤內淋少許蘋果泥，擺上作法 3 烤好的肉丸串及南瓜、甜豆莢。

❶　　❷　　❸　　❹

西班牙式烘蛋

20min   170℃

使用配件    適用機型

【 HD9240 】

🥄 材料

馬鈴薯 3 顆、雞蛋 8 顆、甜椒半顆、綠橄欖 6 粒、橄欖油 200cc、鹽與胡椒適量
杏仁片適量

{ **番茄鯷魚醬汁** }
材料／作法詳見 p.31「番茄鯷魚醬汁」

🥄 作法

1. 馬鈴薯切薄片,甜椒切丁,綠橄欖切片,雞蛋拌打勻。

2. 所有食材與蛋液混合均勻,以鹽與胡椒調味。

3. 烘烤鍋內淋上少許橄欖油,將蛋液倒入鍋中,進氣炸鍋以 170℃料理 20 分鐘。

4. 取出完成的烘蛋,盛盤,淋上番茄鯷魚醬汁,撒上杏仁片。

❷

❸

嚴選主菜

新鮮的食材搭配少油的料理手法，
使身體少了些許負擔，
美味與健康大大加分。

鮭魚菠菜千層麵

　12min　　170℃

使用配件　　適用機型　

【 HD9240 】

材料

鮭魚 1 塊、奶油起司（或瑞可達起司）1 盒、菠菜 150g、起司絲少許、帕瑪森起司粉少許
千層麵皮 10 片、橄欖油適量、巴西利碎少許

〔白酒奶油醬汁〕

蒜苗 1 支、培根 2 片、白酒 100cc、鹽少許、白胡椒少許、低筋麵粉 20g、奶油 20g
牛奶 350cc、起司絲少許

作法

1. 製作白酒奶油醬汁：培根、蒜苗切碎；低筋麵粉過篩；奶油以小火融化，加入低筋麵粉拌勻，倒入鮮奶與月桂葉煮開，再入調味料與白酒。

2. 最後加入起司絲煮至濃稠，濾除泡沫即完成醬汁。

3. 先起水鍋下少許鹽，把千層麵汆燙約煮 3 分鐘，起鍋後麵皮淋上少許橄欖油備用。

4. 鮭魚切丁，菠菜切末以沸水汆燙 10 秒，放入冰水後瀝乾，將菠菜末與奶油起司拌勻，再以鹽與胡椒調味，為菠菜起司。

5. 烘烤鍋淋上少許橄欖油，放上麵皮，抹上菠菜起司、鮭魚丁、起司絲。

6. 再放上一片麵皮，重複作法 5 的動作，最後一層抹上適量的醬汁及起司絲。

7. 作法 6 完成後入氣炸鍋以 170℃料理 12 分鐘，取出盛盤，淋上適量醬汁，撒上巴西利碎，以綜合生菜裝飾。

Tips 　作法 5 烘烤鍋淋上橄欖油後，可以餐巾紙將油塗抹均勻。

啡香牛小排

30 min
▼
10 min

180℃
▼
200℃

使用配件

適用機型

【HD9220】 【HD9230】

材料

馬鈴薯 1 顆、玉米筍 1 根、牛小排 2 塊、牛番茄 1 顆、鮑魚菇 1 朵、青椒半顆、茭白筍 1 根
橄欖油少許、豌豆苗少許 (裝飾)、起司粉少許、起司絲 15g、蒙特婁香料鹽少許

{ 玉米莎莎 }
蔥花半匙、洋蔥碎 1 匙、玉米粒 3 匙、橄欖油 1 匙、檸檬汁 1 匙、Tabasco 少許

{ 咖啡醬汁 }
A1 醬 3 匙、濃縮咖啡 1 匙半、黃芥末 1 小匙、番茄醬 1 匙

{ 醃料 }
蒜頭 1 粒、濃縮咖啡 1 小匙、蒙特婁香料鹽 1 匙、紅椒粉 1 小匙、義大利綜合香料 1 小匙

作法

1. 馬鈴薯入氣炸鍋 180℃料理 30 分。牛排入醃料醃製,備用;咖啡醬汁混合均勻,備用。

2. 牛番茄切頭去籽,放入起司絲;玉米筍、茭白筍、鮑魚菇、青椒,撒上蒙特婁香料鹽調味,
加入少許橄欖油攪拌均勻。

3. 將作法 1 的牛排與作法 2 的番茄盅及蔬菜一同入已換上煎烤盤的氣炸鍋,以 200℃料理
約 10 分鐘,熟後取出盛盤;青椒切丁,置於番茄盅上,撒少許起司粉。

4. 圓模放在盤中,倒入混和好的玉米莎莎;牛排淋上醬汁,裝飾豌豆苗。

❶

❷

❸

❹

梅香豬小排

 5 min ▼ 5 min

 200℃ ▼ 200℃

使用配件

適用機型

【HD9220】 【HD9230】

材料

豬小排 8 塊、梅子 1 顆、蔥半根、蒜酥少許、黑糖少許、水菜適量、五香粉少許

{ 滷汁 }
八角 1 粒、蔥段 3 根量、蒜頭 6 粒、薑片 3 片、辣椒半根、黑糖 3 匙、醬油 200cc
紹興酒 100cc、梅子 3 粒、白胡椒粉 2 匙

作法

1. 豬小排撒上少許五香粉，放入已換上煎烤盤的氣炸鍋以 200℃料理 5 分鐘，備用。

2. 製作滷汁：用少許油炒香蒜頭、薑片，加辣椒、蔥段、八角，再放入黑糖炒至融化後，倒醬油、紹興酒，作法 1 完成的豬小排放入鍋中，加入適量水（蓋過即可），最後放入梅子與白胡椒粉，小火燉煮 90 分鐘。

3. 燉煮完成的豬小排取出，入氣炸鍋，撒少許黑糖，以 200℃料理 5 分鐘。

4. 蔥切斜片，取出作法 3 的豬小排盛盤，撒上蒜酥、蔥、水菜，擺上梅子。

❶ ❷ ❸ ❹

炙氣炸深海魚

 10min　 180℃

使用配件　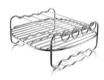

適用機型　

【HD9220】　【HD9230】　【HD9240】

材料

深海魚 1 條、綠竹筍 1 顆、中濃果醋醬適量、七味粉適量、山葵胡椒鹽粉適量
清酒 30cc、薑泥 1 匙、蔥 1 支、水菜少許、豌豆苗少許、白芝麻適量

{ 土佐醋 }
水 90cc、醋 90cc、薄口醬油 30cc、味醂 30cc、柴魚片 10g

作法

1. 深海魚去除內臟，魚身分段以山葵胡椒鹽粉、薑泥及清酒醃製後，以烤串串起。

2. 魚排串連同雙層串燒架放入氣炸鍋，以 180℃、10 分鐘進行調理。

3. 製作土佐醋：全部材料（除柴魚片外）倒入鍋內煮滾後，放入柴魚片浸泡 5 分鐘，撈出即成。

4. 蔥切斜段與水菜、豌豆苗泡冰水備用；綠竹筍切段放入鍋內汆燙至熟。

5. 作法 1 完成的魚排放入盤中；綠竹筍拌入白芝麻、少許土佐醋盛盤，再點綴上水菜、蔥絲、豌豆苗，淋上中濃果醋醬與七味粉。

❶　❸　❹　❺

芝加哥比薩

25 min　170℃

使用配件 　　適用機型

【 HD9240 】

🌿 材料

雙色起司絲少許、帕瑪森起司粉少許、義大利番茄醬汁適量、奶油適量、香腸肉 4 條
火腿適量

{ **麵團** }
材料／作法詳見 p.25「芝加哥比薩麵團」

🥄 作法

1. 比薩麵團**擀**成正方型，均勻抹上奶油，捲起整型，最後發酵約 50 分鐘。

2. 把完成發酵的麵團**擀**開，放入蛋糕模中，模具周圍多餘的麵團往內摺，麵皮先撒上起司絲鋪底，再鋪上一層麵皮。

3. 火腿、香腸肉均勻撒在作法 2 的麵皮上，淋上義大利番茄醬汁，撒上帕瑪森起司粉即為比薩。

4. 將比薩入氣炸鍋以 170℃料理 25 分鐘，取出後擺盤，撒上帕瑪森起司粉。

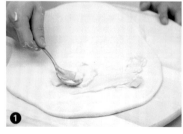

星期天的豬肋排

5 min
15 min

200°C
180°C

使用配件

適用機型

【HD9220】 【HD9230】

材料

豬肋排 3 大根、蘆筍 4 根、馬鈴薯 1 顆、鹽與胡椒少許

{BBQ 醬}
柳橙皮半顆量、柳橙汁 50cc、迷迭香 1 支、百里香 1 小匙、紅椒粉 1 匙、橄欖油 1 匙
TABASCO 2 匙、蒜泥 1 匙、番茄醬 200g、A1 醬 1 匙半、巴薩米克醋 3 匙
傑克丹尼威士忌 30cc、鹽與胡椒少許

{滷汁}
柳橙皮半顆量、迷迭香 1 支、百里香 1 小匙、月桂葉 1 片、紅椒粉 1 匙

作法

1. 豬肋排撒上鹽與胡椒,入氣炸鍋以 200°C 料理 5 分鐘;接著放入湯鍋進滷汁材料,水加至蓋過豬肋排,滾後小火燉 90 分鐘取出備用。

2. 馬鈴薯以波浪刀切約 1cm 片狀,以少許鹽與胡椒、橄欖油調味。

3. 將作法 2 的薯片入氣炸鍋底,並裝上煎烤盤,以 180°C 料理約 15 分鐘,時間剩約 7 分鐘時放入抹上 BBQ 醬的豬肋排與蘆筍。

4. 時間到後,取出盛盤。

①

②

③

④

Tips 【調製 BBQ 醬】所有材料(除了傑克丹尼威士忌)入鍋中煮滾後關火,再倒入傑克丹尼威士忌,保留酒香。

氣炸式牛排

 30 min ▼ 7min　 160℃ ▼ 200℃

使用配件 　　適用機型

【HD9220】　【HD9230】

材料

牛排 2 片、玉米筍 1 根、蒜苗半根、蒜頭 1 株、聖女番茄 4 顆、毛豆莢 6 條、A1 醬 1 匙
橄欖油適量、蒙特婁香料鹽適量、鹽與胡椒少許（裝飾用）

作法

1. 蒜頭去頭尾，撒上蒙特婁香料鹽與橄欖油，入氣炸鍋以 160℃ 料理 30 分鐘取出備用。

2. 牛排兩面皆撒上橄欖油、蒙特婁香料鹽調味，同玉米筍、蒜苗、毛豆莢、聖女番茄一起
放入已換上煎烤盤的氣炸鍋內，以溫度 200℃ 料理 7 分鐘。

3. 時間到後取出所有食材盛盤，淋上 A1 醬，撒鹽與胡椒裝飾，從毛豆莢取出毛豆仁擺放
即可。

 ❶　 ❷　 ❸

 Tips　作法 1 的蒜頭可直接食用，亦可擠成泥抹在牛排上。

五味鯷魚橄欖醬旗魚

10 min

180℃

使用配件

適用機型

【HD9220】 【HD9230】

材料

旗魚 1 塊 (約 200g)、馬鈴薯 1 顆、橄欖油少許、巴西利碎 1 匙、鹽與胡椒少許、白酒 2 匙、紅蔥頭 1 顆、芥末醬 1 匙、九層塔葉少許 (裝飾用)

{ **五味鯷魚橄欖醬** }
鯷魚 1 條、黃紅聖女番茄各 1 顆、蒜頭 1 顆、酸豆 4 粒、黑橄欖 2 顆、橄欖油 100cc、巴西利碎 1 匙、九層塔碎 1 匙

作法

1. 旗魚撒上巴西利碎與胡椒鹽、白酒，讓魚肉去腥提味。紅蔥頭切薄片泡冰水。

2. 馬鈴薯切長方形，淋少許油和鹽與胡椒調味；氣炸鍋換上煎烤盤，將馬鈴薯及旗魚排放入，以 180℃料理 10 分鐘。

3. 製作五味鯷魚橄欖醬：黑橄欖切片、番茄切丁，蒜頭及鯷魚切碎；蒜碎及鯷魚碎先以橄欖油爆香，依序下酸豆、黑橄欖片、番茄丁，香氣出來後關火，放入巴西利碎以及九層塔碎即成。

4. 氣炸鍋內的食材取出盛盤，淋上五味鯷魚橄欖醬，點綴九層塔葉、紅蔥頭片，最後在盤中抹上芥茉醬。

❶

❷

❸

❹

牧羊人派

 30 min ▼ 10 min

 170℃ ▼ 170℃

使用配件

適用機型

【 HD9240 】

材料

牛絞肉 500g、番茄糊 1 匙、洋蔥 1 顆、豌豆 100g、紅蘿蔔半根、西芹 1 根、百里香適量
紅酒 200cc、烏斯特醬 50cc、鹽與胡椒適量、鷹嘴豆罐頭 1 罐、奶油 20g、巴西利碎少許

{ **馬鈴薯泥** }
馬鈴薯 3 顆、鮮奶油 70cc、奶油 30g、荳蔻粉 1g、鹽與胡椒適量

{ **裝飾** }
綜合生菜適量

作法

1. 馬鈴薯入氣炸鍋以 170℃ 料理 30 分鐘，取出後去皮搗成泥狀，加入奶油、鮮奶油、荳蔻
粉、少許鹽與胡椒調味備用。

2. 調味蔬菜（洋蔥、紅蘿蔔、西芹）切碎；牛絞肉以奶油炒香，放進洋蔥碎、百里香與番茄糊，
再把所有蔬菜料一同倒入拌炒。

3. 蔬菜炒軟後，倒入紅酒煮至酒精揮發，放入鷹嘴豆，最後以烏斯特醬、鹽與胡椒調味，
放入蛋糕模中。

4. 蛋糕模中的最上層抹上馬鈴薯泥，以叉子劃出紋路，放進氣炸鍋以 170℃ 料理 10 分鐘，
完成後盛盤，撒上巴西利碎。

Part 3
超人氣精選甜點

健康氣炸鍋在甜點製作中也是不可或缺的好幫手，不論是糕點類的起士蛋糕、巧克鬆糕，派塔與其他類中的蘋果塔、司康或瑪芬，都能以簡單輕鬆的步驟做出令人回味無窮的甜點。

甜蜜派塔、其他類

酥脆鬆軟的餅皮搭配各種香濃軟滑的餡料，
多層次的口感充滿令人吮指回味的無窮魅力。

諾曼地蘋果塔

⏱ 10min   🍲 170℃

使用配件

適用機型

【HD9220】　【HD9230】　【HD9240】

🥄 材料

{ 焦糖蘋果 }
蘋果 1 顆、奶油適量、細砂糖適量、白蘭地適量

{ 蘋果糊 }
全蛋 1 顆、細砂糖 20g、杏仁粉 10g、鮮奶油 20cc、白蘭地 1 匙、融化奶油 20g
肉桂粉適量

{ 酥餅 }
材料／作法詳見 p.27「酥餅」

🥄 作法

1. 蘋果削皮去芯，切塊；將奶油與糖拌炒融解後加入蘋果塊。

2. 蘋果塊炒至金黃，可加入適量的水防止蘋果炒焦，倒入白蘭地增添風味，濾掉汁液，保留蘋果塊。

3. 製作糊料：全蛋打勻後，加入糖、杏仁粉，再依序加入鮮奶油、白蘭地、奶油拌勻至沒有結塊。

4. 蘋果塊填入已放有酥餅的點心模中，倒入糊料，放進氣炸鍋以 170℃ 料理 10 分鐘。

5. 完成後取出，噴上少許白蘭地。

📖 *Tips* 作法 2 中炒蘋果剩餘的汁液保留，製作糊料時可以倒入，增添果香味。

薄荷堅果塔

10 min　170℃

使用配件 　　適用機型

【HD9220】　【HD9230】　【HD9240】

材料

{ 薄荷酥脆粒 }
新鮮薄荷 30g、低筋麵粉 25g、杏仁粉 25g、黑糖 25g、奶油 25g

{ 酥餅 }
材料／作法詳見 p.27「酥餅」

{ 裝飾 }
煉乳適量、核桃適量、薄荷葉 1 朵

作法

1. 製作薄荷酥脆粒：薄荷切碎，與低筋麵粉、杏仁粉、黑糖混合拌勻，倒入奶油攪拌，再以濾網整理顆粒形狀 。

2. 酥餅放入點心模中，填入核桃與煉乳，撒上薄荷酥脆粒。

3. 進氣炸鍋以 170℃料理 10 分鐘，完成後盛盤，擺上薄荷葉。

❶　　　❶　　　❷　　　❸

檸檬塔

 10 min
 170℃

使用配件

適用機型
【HD9220】　【HD9230】　【HD9240】

材料

{ 杏仁奶油 }
杏仁粉 30g、糖粉 25g、鹽 1/2 小匙、全蛋 1/2 顆、發酵奶油 25g

{ 檸檬奶油醬 }
材料／作法詳見 p.30「檸檬奶油醬」

{ 酥餅 }
材料／作法詳見 p.27「酥餅」

{ 裝飾 }
檸檬皮適量

作法

1. 製作杏仁奶油：奶油與糖粉拌均，分次倒入杏仁粉與全蛋，最後加入鹽。

2. 酥餅擀平，放入點心模中，去除多餘麵皮。

3. 用叉子在底部戳洞，加進少許的杏仁奶油抹平。

4. 點心模放進氣炸鍋，以 170℃料理 10 分鐘取出。

5. 取出後，塔皮擠入檸檬奶油，撒上些許檸檬皮做裝飾。

杏仁酥餅

 5min ▼ 25min

 180℃ ▼ 180℃

使用配件

適用機型

【HD9240】

材料

細砂糖 250g、蛋白 50g、低筋麵粉 90g、杏仁果 125g、黑糖適量、烘焙紙 1 張

作法

1. 糖、粉類過篩；杏仁果放入氣炸鍋底鍋中，以 180℃料理 5 分鐘。

2. 蛋白以攪拌機打發後，與糖、低筋麵粉一同攪拌均勻為麵糊。

3. 取出烤好的杏仁果，撒上黑糖，拌入麵糊中。

4. 模具中鋪上烘焙紙，倒入麵糊，進氣炸鍋以 180℃料理 25 分鐘。

英式伯爵司康

 10min　 190℃

使用配件　　　適用機型　

【HD9220】　　【HD9230】　　【HD9240】

材料

{ **司康麵團** }
材料／作法詳見 p.26「司康麵團」、伯爵茶粉 1 小匙、杏桃乾 15g、蔓越莓乾 15g
{ **裝飾** }
杏桃果醬適量、蔓越莓醬適量、煉乳適量

作法

1. 司康麵團拌入伯爵茶粉、杏桃乾、蔓越莓乾，揉勻、整型後放入鋼盆中，封上保鮮膜，冷藏 30 分鐘。

2. 取出冷藏後的麵團放入點心模中，進氣炸鍋以 190℃料理 10 分鐘。

3. 取出後盛盤，沾取果醬、煉乳食用。

布里歐麵包

15 min   170℃

使用配件    適用機型

【 HD9240 】

材料

{ **麵團** }

材料／作法詳見 p.24「布里歐麵包麵團」

作法

1. 麵團上撒點麵粉，整型滾圓，放入鋼盆後以保鮮膜封口，基本發酵 1 小時。

2. 取出發酵後的麵團，分成 45g 的小麵團，整型後將麵團四個角摺起滾圓，經中間發酵 10 分鐘後，把小麵團一個個放入烘烤鍋中。

3. 將烘烤鍋中的麵團最後發酵 90 分鐘，再進氣炸鍋以 170℃料理 15 分鐘。

❷

❷

藍莓瑪芬

 15 min   170℃

使用配件

適用機型

【HD9220】 【HD9230】 【HD9240】

材料

新鮮藍莓 80g

{ **麵糊** }
材料／作法詳見 p.28「瑪芬麵團」

{ **裝飾** }
糖粉適量、薄荷葉適量

作法

1. 麵糊中加入藍莓，填入點心模中。

2. 將點心模放進氣炸鍋，以 170℃料理 15 分鐘。

3. 完成後盛盤，撒上糖粉，擺上薄荷葉。

 ❶
 ❷
 ❸

創意美味糕點

蛋糕多變的造型與豐富的口味，
總是讓人在視覺與味覺上有著雙重享受，
試著以健康氣炸鍋做蛋糕，
製作出令人讚嘆的美味糕點。

桂圓風味可可蛋糕

35min

170℃

使用配件

適用機型
【HD9240】

材料

低筋麵粉 100g、糖 90g、全蛋 2 顆、泡打粉 1 小匙、苦甜巧克力 100g、榛果巧克力醬 2 匙、牛奶 130cc、奶油 30g、龍眼乾 25g、杏仁片 30g

{ **裝飾** }
草莓適量、藍莓適量、可可粉適量、焦糖醬適量

作法

1. 巧克力與榛果巧克力醬放入鋼盆中,隔水加熱融化。

2. 奶油與糖倒入攪拌機中,拌打至鵝黃色,分次加入蛋液及作法 1 的巧克力醬攪拌均勻後為巧克力麵糊。

3. 泡打粉與低筋麵粉過篩;牛奶加熱至 35℃。

4. 作法 3 的粉類與牛奶分次加入巧克力麵糊中拌打,最後加入杏仁片與龍眼乾再放置蛋糕模中。

5. 進氣炸鍋以 170℃料理 35 分鐘,取出後即完成。

古典巧克力

 25 min 180℃

使用配件

適用機型

【 HD9240 】

材料

{ **古典巧克力麵團** }
材料／作法詳見 p.23「古典巧克力麵團」

{ **裝飾** }
覆盆子果醬適量、糖粉適量、鮮奶油適量、草莓 1 盒

作法

1. 將麵團放入蛋糕模中，進氣炸鍋以溫度 180℃料理 25 分鐘。

2. 取出烤好的蛋糕，擠上鮮奶油、果醬，擺上草莓，撒上糖粉。

Tips 此款蛋糕非常適合搭配莓果類的果醬食用。

濃郁起士蛋糕

 30 min 160℃

使用配件

適用機型

【 HD9240 】

材料

低筋麵粉 20g、糖 50g、全蛋 1 顆半、鮮奶油 125cc、奶油 125g、香草莢 1 支
消化餅乾碎 250g、奶油乳酪 200g、酸奶 50g

作法

1. 消化餅乾碎與預先打乳化的奶油混合鋪至模具底部，放入冷藏備用。

2. 全蛋打成蛋液過篩；香草莢切開取出香草籽。

3. 奶油乳酪與酸奶以攪拌機打勻，加入香草籽、糖、麵粉，倒入蛋液，最後加進鮮奶油拌打，為起士麵糊。

4. 把起士麵糊倒入蛋糕模中，放進氣炸鍋裡以 160℃ 料理 30 分鐘。

❶

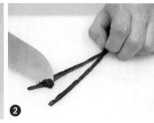
❷

❹

❹

橙香巧克鬆糕

 15min 160℃

使用配件 　適用機型

【 HD9220 】　【 HD9230 】　【 HD9240 】

材料

{ **鬆糕麵糊** }
杏仁粉 100g、蜂蜜 10g、全蛋 2 顆、奶油 60g、糖漬檸檬丁 10g、君度橙酒 2 匙、巧克力 50g、柳橙皮少許

{ **裝飾** }
糖粉適量、柳橙皮適量、巧克力醬適量

作法

1. 巧克力與柳橙皮隔水加熱；奶油拌打至鵝黃色與加熱的巧克力混合備用。

2. 作法 1 的奶油巧克力加入杏仁粉、糖，分次加入蛋攪拌至濃稠，再倒入蜂蜜，為鬆糕麵糊。

3. 鬆糕麵糊中加入君度橙酒與糖漬檸檬丁，攪拌均勻後放入冷藏 1 小時。

4. 把冷藏後的鬆糕麵糊擠入點心模中，放進氣炸鍋內，以 160℃ 料理 15 分鐘。

5. 烤好後盛盤，撒上糖粉，以柳橙皮裝飾，擠上巧克力醬。

無花果蜂蜜蛋糕

15min · 160℃

使用配件

適用機型

【HD9220】 【HD9230】 【HD9240】

材料

{ **蛋糕麵糊** }
材料／作法詳見 p.29「蜂蜜蛋糕麵糊」、無花果乾 2 顆、香橙干邑甜酒 50cc

{ **裝飾** }
蜂蜜少許、薄荷葉 1 朵

作法

1. 無花果切半以香橙干邑甜酒浸泡一晚備用。

2. 蛋糕麵糊中拌入作法 1 的香橙干邑甜酒；點心模中倒入麵糊，放上半顆無花果。

3. 將點心模進氣炸鍋以 160℃ 料理 15 分鐘。

4. 取出蛋糕盛盤，淋上蜂蜜，擺上薄荷葉為點綴。

蘭姆芭芭拉

 15min 180℃

使用配件

適用機型

【HD9220】　【HD9230】　【HD9240】

材料

{ 麵糊 }
中筋麵粉 120g、糖 10g、鹽 1/2 小匙、全蛋 2 顆、快速酵母 1 小匙、牛奶 30cc、奶油 40g

{ 浸泡糖漿 }
水 500cc、黃砂糖 200g、蘭姆酒 100cc、葡萄乾 25g

{ 裝飾物 }
打發鮮奶油適量、葡萄乾(浸泡過)適量

作法

1. 中筋麵粉過篩後放進鋼盆中，把全蛋、酵母、糖混合後倒入鋼盆中，以鉤狀攪拌器進行攪拌。

2. 緩緩倒入牛奶，加入鹽，再攪拌約 10 分鐘後為麵糊。

3. 將浸泡糖漿的材料煮滾備用。

4. 麵糊中加入奶油再拌打 10 分鐘，倒入容器裡進行第一次發酵，約 30 分鐘。

5. 發酵後的麵糊倒入點心模中進行第二次發酵，約發酵至 2 倍大後再入氣炸鍋。

6. 以 180℃料理 15 分鐘，完成後取出脫模，將成品切對半，淋上浸泡糖漿，擠上鮮奶油，放上葡萄乾。

附錄

【模具品名／氣炸鍋型號／料理食譜 對照表】

照片	模具品名	適用型號	頁碼	書中所製作的料理
	氣炸鍋專用蛋糕模 (CL10865)	皇家尊爵款 (HD9240)	p.66 p.74 p.96 p.98 p.100	芝加哥比薩 牧羊人派 桂圓風味可可蛋糕 古典巧克力 濃郁起士蛋糕
	氣炸鍋專用烘烤鍋 (CL10866)	皇家尊爵款 (HD9240)	p.36 p.48 p.54 p.58 p.86 p.90	番茄風味野菇燉鍋 繽紛蔬食豆腐燉鍋 西班牙式烘蛋 鮭魚菠菜千層麵 杏仁酥餅 布里歐麵包
	氣炸鍋專用點心模 (CL10867)	薰衣草經典款 (HD9220) 白金升級款 (HD9230) 皇家尊爵款 (HD9240)	p.42 p.80 p.82 p.84 p.88 p.92 p.102 p.104 p.106	松露奶焗海鮮塔 諾曼地蘋果塔 薄荷堅果塔 檸檬塔 英式伯爵司康 藍莓瑪芬 橙香巧克鬆糕 無花果蜂蜜蛋糕 蘭姆芭芭拉
	氣炸鍋專用煎烤盤 (HD9910)	薰衣草經典款 (HD9220) 白金升級款 (HD9230)	p.60 p.62 p.68 p.70 p.72	啡香牛小排 梅香豬小排 星期天的豬肋排 氣炸式牛排 五味鯷魚橄欖醬鮭魚
	氣炸鍋專用雙層串燒架 (HD9904)	薰衣草經典款 (HD9220) 白金升級款 (HD9230) 皇家尊爵款 (HD9240)	p.38 p.40 p.44 p.46 p.50 p.52 p.64	白咖哩彩蔬捲 泰北炙烤透抽沙拉 豆腐起司雞翅包 土耳其優格烤雞 西班牙紅椒醬章魚 堅果豬肉丸佐蘋果泥、香料南瓜 炙氣炸深海魚

讓 氣炸鍋 健康與美味同時上桌

http://www.ju-zi.com.tw

三友圖書
友直 友諒 友多聞

作　　者　陳秉文
攝　　影　楊志雄
編　　輯　吳孟蓉
封面設計　吳靖玟
美術設計　鄭乃豪

發 行 人　程安琪
總 策 畫　程顯灝
總 編 輯　呂增娣
主　　編　徐詩淵
編　　輯　鍾宜芳、吳雅芳
　　　　　陳思巧、黃勻薔
美術主編　劉錦堂
美術編輯　吳靖玟、劉庭安
行銷總監　呂增慧
資深行銷　謝儀方、吳孟蓉

發 行 部　侯莉莉
財 務 部　許麗娟、陳美齡
印　　務　許丁財
出 版 者　橘子文化事業有限公司

總 代 理　三友圖書有限公司
地　　址　106台北市安和路2段213號4樓
電　　話　(02) 2377-4155
傳　　真　(02) 2377-4355
E － mail　service@sanyau.com.tw
郵政劃撥　05844889 三友圖書有限公司

總 經 銷　大和書報圖書股份有限公司
地　　址　新北市新莊區五工五路2號
電　　話　(02) 8990-2588
傳　　真　(02) 2299-7900

製　　版　興旺彩色印刷製版有限公司
印　　刷　鴻海科技印刷股份有限公司

初　　版　2019年08月
定　　價　新臺幣250元
Ｉ Ｓ Ｂ Ｎ　978-986-364-148-3（平裝）

國家圖書館出版品預行編目(CIP)資料

氣炸鍋 讓健康與美味同時上桌/陳秉文 著.
-- 初版 . -- 臺北市：橘子文化，2019.08
　面；　公分
ISBN 978-986-364-148-3（平裝）

1. 食譜

427.1　　　　　　　　　　　108012115

三友圖書
讀書俱樂部

「填妥本回函，寄回本社」，
即可免費獲得好好刊。

▼

\ 粉絲招募歡迎加入 /

臉書／痞客邦搜尋
「四塊玉文創／橘子文化／食為天文創
三友圖書──微胖男女編輯社」
加入將優先得到出版社提供的相關
優惠、新書活動等好康訊息。

四塊玉文創╳橘子文化╳食為天文創╳旗林文化
http://www.ju-zi.com.tw
https://www.facebook.com/comehomelife

親愛的讀者：

感謝您購買《氣炸鍋 讓健康與美味同時上桌》一書，為感謝您對本書的支持與愛護，只要填妥本回函，並寄回本社，即可成為三友圖書會員，將定期提供新書資訊及各種優惠給您。

姓名＿＿＿＿＿＿＿＿＿＿＿＿＿＿＿＿ 出生年月日＿＿＿＿＿＿＿＿＿＿＿＿＿＿

電話＿＿＿＿＿＿＿＿＿＿＿＿＿＿＿＿ E-mail＿＿＿＿＿＿＿＿＿＿＿＿＿＿＿＿＿

通訊地址＿＿＿＿＿＿＿＿＿＿＿＿＿＿＿＿＿＿＿＿＿＿＿＿＿＿＿＿＿＿＿＿＿＿

臉書帳號＿＿＿＿＿＿＿＿＿＿＿＿＿＿＿＿＿＿＿＿＿＿＿＿＿＿＿＿＿＿＿＿＿＿

部落格名稱＿＿＿＿＿＿＿＿＿＿＿＿＿＿＿＿＿＿＿＿＿＿＿＿＿＿＿＿＿＿＿＿

1 年齡
□ 18 歲以下 □ 19 歲～ 25 歲 □ 26 歲～ 35 歲 □ 36 歲～ 45 歲 □ 46 歲～ 55 歲
□ 56 歲～ 65 歲 □ 66 歲～ 75 歲 □ 76 歲～ 85 歲 □ 86 歲以上

2 職業
□軍公教 □工 □商 □自由業 □服務業 □農林漁牧業 □家管 □學生
□其他＿＿＿＿＿＿＿＿＿＿＿＿＿＿＿＿＿＿＿＿＿＿＿＿＿＿＿＿＿＿

3 您從何處購得本書？
□博客來 □金石堂網書 □讀冊 □誠品網書 □其他＿＿＿＿＿＿＿＿＿＿＿＿
□實體書店＿＿＿＿＿＿＿＿＿＿＿＿＿＿＿＿＿＿＿＿＿＿＿＿＿＿＿＿＿

4 您從何處得知本書？
□博客來 □金石堂網書 □讀冊 □誠品網書 □其他＿＿＿＿＿＿＿＿＿＿＿＿
□實體書店＿＿＿＿＿＿＿＿＿
□ FB（四塊玉文創／橘子文化／食為天文創 三友圖書——微胖男女編輯社）
□好好刊（雙月刊） □朋友推薦 □廣播媒體

5 您購買本書的因素有哪些？（可複選）
□作者 □內容 □圖片 □版面編排 □其他＿＿＿＿＿＿＿＿＿＿＿＿＿＿＿

6 您覺得本書的封面設計如何？
□非常滿意 □滿意 □普通 □很差 □其他＿＿＿＿＿＿＿＿＿＿＿＿＿＿＿

7 非常感謝您購買此書，您還對哪些主題有興趣？（可複選）
□中西食譜 □點心烘焙 □飲品類 □旅遊 □養生保健 □瘦身美妝 □手作 □寵物
□商業理財 □心靈療癒 □小說 □其他＿＿＿＿＿＿＿＿＿＿＿＿＿＿＿

8 您每個月的購書預算為多少金額？
□ 1,000 元以下 □ 1,001 ～ 2,000 元 □ 2,001 ～ 3,000 元 □ 3,001 ～ 4,000 元
□ 4,001 ～ 5,000 元 □ 5,001 元以上

9 若出版的書籍搭配贈品活動，您比較喜歡哪一類型的贈品？（可選 2 種）
□食品調味類 □鍋具類 □家電用品類 □書籍類 □生活用品類 □ DIY 手作類
□交通票券類 □展演活動票券類 □其他＿＿＿＿＿＿＿＿＿＿＿＿＿＿＿

10 您認為本書尚需改進之處？以及對我們的意見？
＿＿＿＿＿＿＿＿＿＿＿＿＿＿＿＿＿＿＿＿＿＿＿＿＿＿＿＿＿＿＿＿＿＿＿

感謝您的填寫，
您寶貴的建議是我們進步的動力！